5
Teorías
Fantásticas

LUIGI SANCHEZ

DISCLAIMER

5 Teorías Fantásticas. Copyright © 2020 by Luigi Sanchez

Reservados todos los derechos. No se permite la reproducción total o parcial de esta obra, ni su incorporación a un sistema informático, ni su transmisión en cualquier forma o por cualquier medio (electrónico, mecánico, fotocopia, grabación u otros) sin autorización previa y por escrito de los titulares del copyright. La infracción de dichos derechos puede constituir un delito contra la propiedad intelectual. .

El autor no asume responsabilidad alguna por el uso que haga del contenido de este libro. El lector es responsable único de sus actos.

A LOS QUE AMO

"Para mis seres amados y todas las personas que por cuestionar al mundo, lo terminan cambiando".

Luigi Sanchez

Índice

INTRODUCCIÓN 5

NO JUZGAR 9

UN SOL Y DOS ESTRELLAS 11

LA RELIGIÓN Y LA CIENCIA SON INSEPARABLES 16

TEORÍA DEL BIG BANG Y ADOIL 21

LA CREACIÓN DE LA TIERRA 31

¿EL JARDÍN DE EDÉN ESTÁ EN VENEZUELA? 40

EL HIJO PRODIGO 52

CONCLUSIÓN 64

Introducción

Sin duda alguna nosotros como especie predominante en este hermoso planeta, nos hemos hecho infinidad de preguntas a lo largo de nuestra propia historia. Preguntas tan importantes, que incluso han guiado el curso de nuestra historia, de alguna u otra manera. ¿No es esto pues un hecho natural en nosotros? Estas preguntas, a veces un tanto difíciles de responder, incluso para los más eruditos, abarcan temas tan grandiosos como la creación del universo, la tierra, la vida e incluso nuestra conciencia en si misma la cual nos permite observar todo lo demás de forma maravillosa. Estos temas han sido estudiados e interpretados por las mentes más brillantes de nuestros tiempos e incluso de los tiempos de la antigüedad. Estudiosos, filósofos, científicos, religiosos, grandes pensadores y la sociedad en general se han encargado de realizar estos grandes cuestionamientos a lo largo de los siglos.

Es sin duda alguna, ese gran deseo de responder estás grandes incógnitas y por saber cómo funciona el todo, las cuales han impulsado a nuestra civilización hacía mejores caminos. Debido a este constante deseo de aprender que poseemos, es que los grandes personajes de la historia como Tesla, Einstein, Thomas A. Edison entre otros no menos importantes, se han conseguido los grandes avances que nos conforman como sociedad, ya altamente desarrollada. Pero a pesar de los inmensos avances de los que hemos sido testigos y a las respuestas que han logrado contestar algunas de las más importantes preguntas, que nos hemos planteado como seres pensantes. Siguen existiendo incógnitas muy grandes y a las cuales no les hemos podido dar respuesta, a pesar de tan avanzado desarrollo que poseemos en la actualidad.

En este manuscrito dejare mis más sinceras y humildes opiniones, que más que simples posiciones ante los temas que te expondré, son algo más parecido a teorías. Teorías de mi propia autoría, basadas en hechos históricos, religiosos y científicos. Con argumentos comprobables en su totalidad desde un punto de vista lógico y analítico.

Mi nombre es Luigi Sanchez, es realmente un gusto que puedas apreciar estás teorías que llevan ya largo tiempo rondando por mi mente. Teorías que podrás investigar y poner a prueba con tu propia inteligencia y saberes que poseas actualmente. En este momento seré esa voz en tu mente que te guíe a través de los pasajes, ideas y pensamientos de este libro. En este manuscrito encontrarás algunas de las más interesantes teorías, hipótesis e ideas todas maravillosas, que hasta ahora he podido compartir.

Sin duda alguna este libro te sumergirá en una realidad distinta a la que conocemos y despertará en ti, el deseo de cuestionarlo todo.

Para empezar quiero que sepas que este libro podría ir dedicado a muchas personas, incluso a todo el mundo pero, no es así. Ya que no todos tenemos la habilidad de pensar fuera de la caja, de mirar con otros ojos las cosas que ya observamos ayer, pero con un enfoque diferente el día de hoy. Es para esas personas capaces admirar aquellas cosas totalmente increíbles (la vida en sí misma, los planetas, la propia conciencia humana, la creación, etc.) Desde un punto de vista profundo y no superficial. Las cuales muchos otros individuos verían con ojos inmersos en la cotidianidad.

Por lo mencionado anteriormente y por otras muchas razones este libro no es para cualquiera, va dedicado a personas innovadoras, incisivas, analíticas, amables e inteligentes. Personas que puedan defender un punto de vista, sin menos preciar otras perspectivas entendiendo que pueden nutrirse de dicha nueva idea. Por eso sé y sin temor a equivocarme, que este libro va dedicado a una sola persona, una persona que no solo piensa fuera de la caja, sino que también la ve desde otro ángulo y tiene el deseo de hacer algo innovador con la misma. Este libro es para alguien muy especial, alguien realmente único y excepcional, este libro… *¡Es para ti!*

No juzgar

En este preciso momento en el que das comienzo a la lectura de este libro, también empieza un nuevo ejemplo en el que se demuestra el hecho de no juzgar un libro por su portada. Podrás imaginar que hablaré de astronomía, astrofísica o alguna otra ciencia aeroespacial afín a la imagen que has visto en la portada de este precioso libro. Pero realmente este no es el caso, aunque llegado el momento si hablaremos de luminarias y te explicaré el por qué escogí ese título para mi libro, nos enfocaremos en cuatro teorías, las cueles tocaremos a profundidad. Expondré todos mis argumentos, para que puedas entender cada una de estas teorías. Expondré mi punto de vista sobre algunos de los acontecimientos más importantes e intrigantes de la vida del ser humano; su cultura, filosofía, conocimientos y la más importante su religión.

Sé que te estarás preguntando cuál es el tema principal de esta obra literaria, bueno por ahora quiero que sepas que este título hace referencia, a eventos históricos que sucedieron tanto física, histórica y religiosamente.

Un sol y dos estrellas

Un sol y dos estrellas es un tipo de analogía o un código al cual le he dado el siguiente significado: *"Un sol"* su verdadero significado es una referencia a un Padre, *"y dos estrellas"* es la referencia directa de dos hermanos, sus hijos. Entendido ya dichas referencias, si el sol ilustra la imagen de un padre y las dos estrellas la imagen de sus dos hijos, te darás cuenta que hablo de una familia.

En este caso al representar al padre y a sus dos hijos como cuerpos celestes *(Un sol y dos estrellas)* entenderás que no hablo de cualquier familia, sino de una familia "celestial".

Más adelante sabrás quienes son los protagonistas e integrantes de esta familia celeste, cuánto te cuente su historia. Tendrás todas las herramientas para juzgarla por ti mismo, ya que no solo es una historia, sino que también forma parte de las 5 teorías que te presentaré. Te advierto de antemano que está historia (teoría) es muy controversial, y lo es, por ser desafiante y totalmente posible.

La historia de este padre y sus dos hijos ya es ampliamente conocida pero en este caso, la conocerás desde una perspectiva totalmente diferente a la tradicional. Entenderás la base principal del argumento de esta obra literaria que se origina a partir estos tres familiares, padre e hijos *(Un sol y dos estrellas)*.

Si eres de esas personas que no dejan escapar ni un solo detalle de lo que leen, escuchan u observan, probablemente ya te hayas dado cuenta que significa el título de este libro e incluso a qué me refiero con esta analogía o código.

Si eres de ese tipo de personas muy perspicaz ya habrás armado el rompecabezas colocando cada pieza en su lugar. Si es así déjame felicitarte, eres muy inteligente, de lo contrario no te preocupes a medida que te adentres en el libro conocerás la idea principal que me llevo a escribirlo y compartir lo que para mí es una de las teorías más controvertidas que escucharás. Y que yo mismo no he escuchado a otro indivíduo o persona exponer jamás. Además encontrarás otras cuatro teorías igual de impresionantes y sorprendentes.

Está teoría que te presentaré más adelante en la que hago referencia al padre y sus dos hijos *(Un sol y dos estrellas)* y que es la base principal del contenido de este maravilloso libro. No solo es realmente interesante por ser una idea innovadora, así como muchas otras ideas que encontraras en esta obra, sino que también tiene el potencial de ser muy controversial y polémica por su alto porcentaje de poder ser, una teoría real y totalmente comprobable.

Abre tu mente, amplia tu conciencia y extiende tus puntos de vista. Ya que el contenido al que tendrás acceso en este texto, puede cambiar tu perspectiva y los ángulos con los cuales has percibido muchas cosas en tu vida, cómo la religión, educación, historia, ciencia y costumbres.

También sé que en tu mente debe estar rondando la idea que *"Un sol y dos estrellas"* son exactamente lo mismo. Si, se puede interpretar cómo tres soles o tres estrellas, en ambas tienes toda la razón, por eso son familia (cuerpos celestes) y no dejarán de serlo independientemente del calificativo que le demos.

Si bien conocemos al sol como una estrella que está cerca y en nuestro sistema solar. Aunque la llamemos sol, siempre será una estrella. También sabemos que un sol nos ilumina más por su cercanía y omnipresencia que una estrella, la cual también es un sol pero a una distancia mucho más amplia de nuestro sistema solar. Por esta razón represento al padre como un *"Sol"* por qué un padre siempre protegerá a sus hijos bajo el manto de su luz.

Por otra parte, la representación de sus hijos la muestro como estrellas por qué aunque son cuerpos celestes, no brillarán tanto como un sol que esté más cerca de nosotros y nos brinde su luz de vida.

Ya te imaginarás quien es el padre, muy probablemente sí.

Bueno antes que todo, antes de conocer la historia de esta familia y los integrantes que la conforman. Quiero que des inicio por el principio, lo cual nos llevará poco a poco hasta el padre, sus hijos y la verdadera teoría razón principal de la creación de este libro *(Un sol y dos estrellas)*.

Las ideas principales que plasme en este manuscrito son mis interpretaciones con respecto a hechos históricos, religiosos y científicos. Y baso mis argumentos en fuentes bibliográficas existentes, reales y comprobables.

Podrás investigar por ti mismo las mismas referencias bibliográficas desde las cuales partí para hacer mis interpretaciones. Para que tú también puedas informarte en dichas fuentes y saques tus propias conclusiones, acerca de los temas que aquí escribí.

Serán fuentes importantes como la Biblia, libros históricos y acontecimientos científicos que son de amplio conocimiento público.

Estoy seguro quedarás impresionado con todo lo que aquí expondré. Está vez quiero compartir este maravilloso conocimiento contigo, quién más podría valorar estás ideas que tú.

Primero que todo este libro lo escribo gracias a Dios, que me permite estar vivo para plasmar mis ideas en papel y sin él no lo podría hacer. Ya que en esta fecha, en la cual escribo este manuscrito, estoy cumpliendo la cuarentena obligatoria que ha causado el brote de coronavirus.

Gracias a Él estoy muy bien de salud y lo puedo hacer, la gloria sea para Jehová. ¡Amén!.

Teoría 1
La religión y la ciencia son inseparables

A lo largo de la historia de la humanidad, desde que se dio inicio con la iglesia y la religión de creencia cristiana. Ha existido un conflicto muy grande entre lo que explica la ciencia y lo que profesa la iglesia. Si bien es cierto, que algunas cosas que no explica la ciencia, la biblia cristiana se encarga de explicar desde todo sentido y aunque de manera muy controversial, esto también pasa en viceversa.

La ciencia se ha esforzado por poner a prueba toda situación inexplicable a su paso, desde la física hasta la filosofía.

En muchos casos la ciencia nos ha aclarado preguntas que nos hacíamos hace mucho tiempo. En otros casos solo ha generado muchas más preguntas que por el momento todavía son inexplicables para nosotros como seres humanos, creativos y curiosos.

Está es mi primera teoría y después de conocerla comprenderás las siguientes, de manera mucho más sencilla. Lo cierto es que, la ciencia y la religión van de la mano y son inseparables, ya que siempre explicaran un mismo hecho, acontecimiento o creencia, pero desde sus propios puntos de vistas, religioso y científico respectivamente.

Te daré un pequeño ejemplo de lo que quiero decir, cuando expreso que la religión y la ciencia son inseparables.

Imagina que tenemos una enorme estructura con la forma del número 9. Y que la ciencia mira esta estructura desde la parte de arriba, mientras que la religión (cristiana) la observa desde abajo. Ciertamente los dos puntos de vista están apreciando la misma forma, pero uno ve un 9 y el otro un 6. ¿Acaso no están viendo lo mismo? Yo creo que sí, no quiere decir que alguno de los dos puntos de vista esté equivocado. Todo lo contrario, tanto la religión tiene toda la razón en su verdad (la palabra de Dios) la cual para mí es la correcta, cómo también la ciencia tiene toda la razón en los casos que explica correctamente y con hechos.

En resumen, lo que te quiero decir y en lo que se basa está primera teoría, es que la ciencia explica físicamente lo que Dios ha creado y que la religión explica lo que argumenta la ciencia, de una manera espiritual e intangible.

Te mostraré varios ejemplos en los cuales para mí la ciencia y la religión están entrelazadas.

A media que te adentres en el libro verás cada uno de esos ejemplos, los cuales son todos maravillosos e increíbles. Cada uno de estos ejemplos los pondré en un capítulo diferente y cada capítulo será una teoría ampliamente expuesta, en el cuerpo de este manuscrito.

Tomando en cuenta que la ciencia va aprendiendo de sus propios errores con el pasar del tiempo, debido a que basa su esencia en las teorías de algunos hombres muy capaces, que exponen sus argumentos en ensayos científicos para aclarar preguntas que nos hacemos. Estos científicos basan dichos ensayos en investigaciones y deducciones científicas, las cuales derivan en las teorías que al hacerse públicas pueden terminar ampliamente aceptadas por la comunidad científica y toda la sociedad. Pero que a pesar de todo, los científicos son seres humanos y aunque muy inteligentes a veces fallan en sus teorías.

Un ejemplo de ello, es que anteriormente se creía que la tierra era plana y se terminó por demostrar que la tierra es redonda (cosa que la biblia explico hace mucho tiempo)

"Él está sentado sobre el círculo de la tierra, cuyos moradores son como langostas; él extiende los cielos como una cortina, los despliega como una tienda para morar". (Isaías 40:22)

Sin duda alguna existe una enorme diferencia entre la religión y la ciencia, aunque no en todos los casos. Pero cierto es, que el ser humano se siente más cómodo con "ver para creer" que teniendo fe en lo que no se puede ver. Te demostraré que ambas pueden coexistir y ser una sola cosa, la creación divina.

En eso se basa la ciencia. En investigar la veracidad de cada suceso histórico, religioso o físico. Para demostrar con hechos, si es cierto o no.

En este libro te compartiré varias de mis ideas, en las cuales la ciencia y la religión cristiana no pueden separarse. Comprenderás que explican el mismo suceso en la mayoría de los casos, pero desde distintos ángulos. Como en el ejemplo que te di anteriormente de la estructura en forma de

9 y sus dos puntos de vista. Te mostraré mis teorías sobre cómo la religión y la ciencia son inseparables.

En resumen mi primera teoría consiste en que la religión y la ciencia son las dos caras de una misma moneda, el mismo acontecimiento observado desde dos puntos de vitas, que aunque diferentes, siguen siendo el mismo acontecimiento.

Teoría 2
Teoría del Big Bang y Adoil

El inicio de todo según la ciencia y la religión. La ciencia expuso ya hace cierto tiempo una teoría que con el pasar de los años se ha vuelto muy aceptada. Está es la teoría de Big Bang. También llamada la Gran explosión. Consiste en el principio del universo, es decir, el punto inicial en el que se formó la materia, el espacio y el tiempo. Esta gran explosión aconteció hace unos 13 800 millones de años.

A una gran explosión se refiere el término Big Bang, pero en este caso no hace referencia a una explosión en un espacio ya existente, sino que la materia, tiempo y espacio se crean en dicha explosión, a esto se le conoce como singularidad.

Para explicar la singularidad de una forma sencilla, imaginemos un vaso con agua que cae de una mesa de un metro de altura, al inicio, antes de tocar el suelo toda la materia y energía están juntas. Pero luego al impactar toda esa materia se dispersa, así como lo hizo el universo según está teoría ya ampliamente aceptada. En el caso de la singularidad se observa este suceso de manera inversa, como si rebobináramos el vídeo en el que aparece el vaso con agua cayendo.

Es pocas palabras el Big Bang fue una enorme explosión, la cual género una increíble cantidad de luz e irradio toda la energía para la composición del universo como actualmente lo conocemos.

Está es la teoría que la ciencia lleva como estandarte para intentar explicar el origen del universo y a su vez el inicio de la historia de la humanidad como residentes en este hermoso planeta llamado tierra.

En primera parte ya tocamos el punto de vista y la teoría que expone la ciencia pero, que dice la religión sobre esto (la creación del universo) cuáles son las ideas principales y las más creídas que tiene la religión cristiana acerca del inicio del todo.

Para empezar busquemos en la biblia y encontraremos lo siguiente en génesis 1:1 En el principio, Dios creo los cielos y la tierra. Muchos teólogos y creacionistas afirman que allí está la respuesta y que Dios no creo solo la tierra, sino más bien creo todo el universo y la tierra a la vez.

En este caso no vengo a extenderme en los argumentos que pueda tener cada uno de estos teólogos o creacionistas, ya esos temas han sido ampliamente abordados y discutidos a lo largo del tiempo. Y con total seguridad mejor explicados de lo que yo lo podría hacer.

En este caso solo te expondré mi idea acerca de la creación, con toda la humildad que poseo y basándome en que la religión y la ciencia son inseparables.

Ya sabemos la postura de la ciencia respecto a este tema, también sabemos lo que dice la palabra de Dios que está en la biblia y que es única y verdadera. Pero te preguntarás, ¿En qué tienen relación la ciencia y la religión en este tema? Y tienes razón. Para entender por qué se entrelazan y son inseparables tengo que hacer referencia de nuevo a la palabra de Dios, pero en este caso no desde la biblia, sino desde un libro apócrifo llamado el libro de Enoc.

Este libro el cual es extra canónico al no estar incluido en el canon de ninguna de las religiones abrahamicas con base en el monoteísmo y teniendo en el centro la palabra y la vida de nuestro señor Jesucristo, es un libro apócrifo por lo ya antes mencionado.

Un libro apócrifo es simplemente un libro que carece o no posee las suficientes bases creíbles para poder pertenecer al evangelio canónico de la religión cristiana. Esto sucede debido a que a diferencia de los evangelios canónicos, cuyos escritores apenas señalan su autoría de los escritos, los autores de cada uno de los evangelios apócrifos destacan muchas veces la presunta autoría del escrito por parte de algún personaje distinguido de la comunidad (Pedro, Felipe, Santiago, María Magdalena, Tomás, etc.), buscando un respaldo en ese nombre. Lo cual termina siendo en algunos casos falso.

Por está y otras razones este libro no fue incluido en el canon del cristianismo, por está razón no está en la santa biblia inspirada por Dios.

No estoy aquí para refutar si el libro de Enoc fue inspirado o no por Jehová el Dios nuestro. Puede que si, como puede que no. Pero si podemos hacer referencia a este libro como un libro histórico y que inspirado o no, tiene carácter histórico al saber que el libro que hoy se conoce fue editado tal vez en el siglo I de nuestra era, y consta de varias partes escritas entre los siglos III a. C. y I d. C. Lo que queda como evidencia de que el libro si fue escrito, existe y es muy antiguo.

Es muy interesante este libro y cabe a destacar que existen dos libros de Enoc, pero esta vez solo me enfocaré en el siguiente texto que aparece en el segundo libro de Enoc, más específicamente en el fragmento en el que Jehová nombra a este intrigante personaje llamado Adoil.

En el capítulo XXV de este libro llamado el libro de los secretos de Enoc. Se encuentra un texto en el cuál según Enoc, Dios llama a un ser que lleva consigo un vientre, a que dé a luz.

Aquí está textualmente el fragmento al que hago referencia:

1 "Yo ordené que de los sitios muy bajos, que las cosas visibles bajen de lo invisible, y Adoil bajó majestuoso, y yo le observé , y ¡he aquí! que traía un gran vientre lleno de luz".

2 "Y yo le dije: Ábrete, Adoil, y deja que lo visible salga fuera de ti".

3 "Y él se abrió y una gran luz salió afuera. Y yo estaba en el medio de la gran luz. Y así fue como nació la luz de la luz de ahí surgió un entonces un gran periodo, y mostró lo que es la creación lo cual enseñe yo a crear".

4 "Y yo vi que lo que había creado era bueno".

5 "Y yo instale un trono allí, y tome asiento en él, y le dije a la luz: "ve tu allá arriba y te fijas por tí misma en la altura sobre el trono del señor, y es el fundamento de los grandes vientos".

6 " Y sobre la luz, allá no existe nada más, y entonces me incliné y mire hacia arriba desde mi trono".

Es realmente muy interesante lo que este fragmento del libro de Enoc dice, según este texto Dios le ordena a un personaje misterioso llamado Adoil que se abra y dejé salir la luz. Y Dios estaba en el medio de esa gran luz.

Por qué hago referencia exactamente a esta parte del libro de Enoc y por qué expliqué anteriormente la teoría del Big Bang. Cómo ya mencioné anteriormente, para mí la ciencia y la religión cristiana, no sé pueden separar.

¿Acaso la teoría del Big Bang y lo que dice este fragmento del libro de Enoc no parecen relatar el mismo acontecimiento físico e histórico?

La Biblia nos enseña que Dios es nuestro creador y la ciencia explica como el Big Bang inicio todo. ¿Pero acaso no es lo mismo? Aunque en la biblia no se explica cómo se creó el universo, en el libro de Enoc si lo vemos explicado. Sé que podrás argumentar que el libro de Enoc no está en la biblia y que no tiene validez religiosa o espiritual pero, recuerda que por muy poco no entro en el canon de la biblia y que es un libro que varias iglesias usaron como canon. Pero digamos que sí, que el libro de Enoc no está en la biblia y que por esto está teoría no es válida ya que no es un libro inspirado.

¿Pero y el carácter histórico?

Dónde queda la realidad de que esté libro si fue escrito y que lo redactaron hace más de 2000 años, se podría decir, ¿qué tiene que ver que se halla escrito hace mucho con la teoría del Big Bang? Yo diría que tiene muchísimo que ver. En este libro se menciona una inmensa luz que sale del vientre que lleva consigo Adoil.

¿Podría ser quizá, lo que conocemos actualmente como Big Bang?

Yo creo que sí, pero esto no es lo más impresionante. Sabemos ya, que este libro fue escrito hace muchos años, lo cual hace más impresionante lo que te diré a continuación. Enoc menciono está gran luz en la que Dios estaba en el medio, hace más de 2000 años y la ciencia termino demostrando que, de hecho el universo se inició de una enorme luz o gran explosión. ¿Acaso podríamos estar hablando de la misma luz, del mismo acontecimiento? En mi opinión si, lo que para mí le da mucha credibilidad a él libro de Enoc.

¿Cómo pudo saber Enoc estas cosas?

Por qué fue tan preciso al explicar el origen del universo por medio de una inmensa luz, para mí el sí fue inspirado por Dios, solo que malas traducciones del libro o algún otro evento histórico impidió que este libro fuera parte de la biblia. Pero solo por el hecho que verdaderamente se escribió y que acierta muy claramente con lo que dice la ciencia actualmente sobre el Big Bang es que afirmo que la ciencia y la religión no se pueden separar.

Aquí te mostré un ejemplo del por qué para mí la ciencia y la religión se entrelazan armoniosamente y que ambas simplemente explican la creación divina de nuestro amado hacedor, Jehová. Aunque cada una de ellas explican los diferentes acontecimientos históricos y religiosos desde su propio punto de vista, no dejan de explicar exactamente lo mismo. Es como si viéramos un vaso lleno hasta la mitad con agua, algunos lo verán medio lleno y otros dirán que está medio vacío.

¿Pero cuál es la realidad?

La realidad es que el vaso está por la mitad y que ambas partes tienen la razón. Pero el vaso sigue estando por la mitad. Lo que quiero decir es que todos en el planeta estamos observando y siendo participes de la misma historia, algunos la verán con los ojos de la fe, otros con los de la ciencia, muchos serán incrédulos y no verán absolutamente nada. Pero algunos pocos observaremos como la misma historia se cuenta desde diferentes perspectivas y trataremos de armar la historia definitiva.

En conclusión, desde mi punto de vista el Big Bang que muestra la ciencia y la historia de Adoil, son exactamente lo mismo. Puedes sacar tus propias conclusiones. Yo creo que lo que digo es muy probable, pero si quieres también lo puedes ver como si fuera una interesante novela, una fascinante teoría o una simple fantasía de un ingenuo joven de 24 años.

Diviértete, mientras continuas con la lectura de este libro, créeme, más adelante te encontrarás con las teorías más alucinantes que jamás hallas podido pensar y ni siquiera imaginar. Si crees que está primera teoría que te mostré es fascinante, no imaginas lo que vendrá a continuación.

Te daré un adelanto de lo que verás en el siguiente capítulo. Cómo te habrás dado cuenta, ya te explique mi primera teoría y si usaste tu inteligencia, que estoy seguro posees en gran medida, habrás entendido que la primera teoría fue del inicio del universo. Y que por lo tanto las otras teorías que verás más adelante tienen un hilo conductor. En pocas palabras será una historia formada completamente por 5 teorías fascinantes y que tendrá su respectiva secuencia como si fuera una interesante novela.

Ahora, ¿tú que crees que sigue? Es cierto que vivimos en el universo pero, flotamos en este hermoso planeta, así que, si, estás en lo correcto. Hablaremos de la creación nada más y nada menos que de nuestro planeta hogar.

Ya sabes cómo es la dinámica, te mostraré la explicación científica y la explicación bíblica o religiosa. Te diré mi teoría y tú sacarás tus propias conclusiones. Ahora te repito, diviértete. Lo que viene será magnífico.

Teoría 3
La creación de la tierra

¿Un día para Dios, cuántos para nosotros?

Ha llegado el momento de conocer al primer integrante de nuestra familia celeste. En este capítulo conocerás quien es el padre que ya anteriormente te mencioné, al cual lo conoceremos como el "Sol" y es el primer integrante de la familia celeste. Este padre es nada más y nada menos que Jehová, nuestro Dios. Te imaginarás quienes serán sus hijos "dos estrellas".

Nuestro padre celestial Jehová es el responsable directo de la creación de la tierra según la biblia, la cual es una de las historias más conocidas del mundo. Todos sabemos que Dios tardo 7 días para crear la tierra, creando a sus vez la luz, los mares, los animales y entre ellos a nosotros los seres humanos.

En el primer día creo Dios la tierra, está aún estaba desordenada y obscura, Jehová dijo que se hiciera la luz y está se hizo. Separó Dios la luz de las tinieblas y a la luz la llamo día y a las tinieblas le dio por nombre noche. Así concluyó Jehová la labor del primer día.

En el segundo día Dios hizo, las aguas de nuestro planeta llamadas mares y aguas en expansión a las que llamo cielos. Así terminó su segundo día de labor.

Al tercer día juntó Dios, los mares para así dejar al descubierto lo seco a lo cual llamó tierra. Dijo que esta tierra produjera hierba verde, es decir que en esta fase Dios creo todo los árboles y la flora. De esta manera se dio fin al día tercero.

Por obra de Dios se creó el sol, la luna y las estrellas. Para separar la luz de las tinieblas. Y así concluyó Jehová su labor del cuarto día.

En el quinto día Dios les dijo a los mares que produjeran seres vivos y a su vez nacieron las aves del cielo. Los bendijo Dios, para que se multiplicaran en los mares, todas las criaturas según su especie y en los cielos todo los tipos de aves. Con esto acabo el quinto día.

Produzca la tierra seres vivos, bestias, animales que se arrastren y ganado según su especie, esto fue en el sexto día de la obra del señor. Creo Dios además, al hombre y la mujer. Les dijo Dios que señorearan sobre todos los seres vivos, se multiplicaran y les dio su bendición. Es en este punto dónde Dios nos crea a su imagen y semejanza. Les dijo también Jehová, que de todo árbol, de toda especie del mar, del cielo y de la tierra podían comer. Y vio Dios que todo lo que había hecho era bueno. Así concluyó el sexto día.

Inició así el séptimo día y termino de crear Dios los cielos y la tierra junto con todo su ejército, lo que es lo mismo que todos los seres vivientes sobre los cielos y la tierra. Y acabó Jehová toda su obra en el séptimo día y en el mismo día descansó. Y bendijo Dios el séptimo día porque vio que todo lo que había creado era bueno.

Está es de forma resumida la historia de la creación tanto humana; como la misma creación del planeta, el sol, la luna y las estrellas. Según la palabra de Dios escrita en la biblia, Dios nos creó en siete días.

¿Pero que dice la comunidad científica acerca de esto?

¿En cuánto tiempo se creó la tierra?

Bueno los científicos están totalmente seguros que la tierra se formó en alrededor de 4.500.000.000 millones de años, lo que es igual a 4.5 billones de años. Aquí ya podemos ver un nuevo conflicto entre la ciencia y la palabra de Dios.

Muchos teólogos y creacionistas piensan que Dios literalmente creó la tierra, además de los cielos y las estrellas, en 7 días terrestres. Ellos asumen la palabra de Dios literalmente y creen que todo se creó en una semana compuesta por días de 24 horas.

Pero por otra parte la ciencia ha demostrado que la tierra tomo miles de millones de años en formarse.

¿Entonces quien tiene la razón?

Sin duda alguna podríamos asumir que la Biblia se equivoca, que es imposible que la tierra se pueda haber formado en su totalidad en solo 7 días. Y que por ende la ciencia tiene toda la razón y en esta ocasión es irrefutable.

Con este versículo de la Biblia daré comienzo a mi teoría sobre este tema en particular: 2 Pedro 3:8-9

"Mas, oh amados, no ignoréis esto: que para con el Señor un día es como mil años, y mil años como un día"

"El Señor no retarda su promesa, según algunos la tienen por tardanza, sino que es paciente para con nosotros, no queriendo que ninguno perezca, sino que todos procedan al arrepentimiento".

¿Ya lo entiendes?

Este es otro ejemplo en el que la ciencia y la religión pueden coexistir. Dijo Pedro en pocas palabras que un Día para Dios, son como mil años para nosotros. Y que mil años para nosotros son como un día para Él.

Tomando en cuenta todo lo que ya la ciencia nos ha demostrado con respecto a la antigüedad de la tierra y lo que dice este versículo de la biblia, me atrevo a decir sin duda alguna que Dios creo la tierra en 7 días, pero no días terrestres de 24 horas. Sino más bien en días de Dios, tomando como referencia el versículo ya antes mencionado.

Estos 7 días de Dios, por llamarlos de alguna manera, se podrían traducir no solo como el equivalente de mil años por día, cómo lo muestra Pedro en su versículo. Sino incluso como el equivalente de cientos e incluso miles de millones de años por día. A eso me refiero cuando digo, un día de Dios.

¿Ya entiendes a lo que me refiero?

Te explicaré mi teoría de la siguiente manera, imagina que el primer día al que hace referencia el libro del génesis, en el cual Jehová, el padre, crea la tierra y está aún estaba obscura y desordenada, no pasaron 24 horas terrestres como muchos teólogos afirman, sino que pasó cierta cantidad de millones de años como lo explica la ciencia. Está es mi forma de entender la creación y como lo dice Pedro, un día para Dios son como mil años para nosotros.

Ahora sí analizamos bien el versículo, Pedro dice que son "como" mil años para nosotros, o sea que podríamos decir que no son literalmente mil años.

¿Y si estos días de Dios estuviesen compuestos no por miles de años sino por cientos de millones?

Eso es lo que creo, cada día que acontece en el libro del génesis, cuando Dios crea la tierra, es un día compuesto por cientos de millones de años.

Por ejemplo cuando Dios crea la tierra en el primer día, aconteció todo lo que la ciencia explica a detalle; como el choque de protoplanetas, el nacimiento de estrellas y el inicio de nuestro planeta, como un lugar muy caliente, tanto que era imposible que la vida existiera aún. Y todo esto que sucedería en un lapso de tiempo de alrededor de 645.000.000 millones de años sería el primer día de Dios, no quiero sonar confuso, solo quiero que entiendas lo que intento decir.

Lo que quiero decir en pocas palabras es que los días que se describen en el libro del génesis, en dónde Dios crea la tierra, sí acontecieron, pero no fueron días terrestres, sino días de Dios (Jehová) y que cada uno de esos días está compuesto por más o menos 645.000.000 millones de años, como dije ya anteriormente podrían ser menos años.

De esta manera la ciencia estaría explicando cómo la tierra se creó pero desde su punto de vista, en el cual la tierra tomo muchos años en formarse. Y están en lo cierto, ciertamente la tierra tomo mucho tiempo para llegar a ser lo que es hoy en día, pero eso no quiere decir que Dios no la haya creado.

En conclusión para mí, cada uno de esos días del génesis sí sucedieron, pero cada día era de muchos millones de años. Y que ciertamente todos los hechos del génesis pasaron, como por ejemplo la creación de los mares, del cielo, la creación de los animales, la vegetación e incluso nuestra propia creación. Pero se pueden explicar de manera científica cada uno de esos días, compuestos por millones de años.

Un ejemplo sencillo sería que, mientras en el génesis Dios en un día creaba a todos los animales del mar, del cielo y de la tierra. Eso en tiempo terrestre sería el equivalente a todos los millones de años de evolución que explica la ciencia, que necesitaron todos y cada uno de estos tipos de animales para existir.

Y así sucesivamente sería cada uno de estos días en los que Dios crea la tierra, cada día del génesis se traduce en cierta cantidad de millones de años en evolución y tiempo como lo explica la ciencia.

El génesis narra en unos muy cortos párrafos, todo lo que sucedió en 4.500.000.000 millones de años y que después la ciencia se encargaría de mostrarnos al resto de la humanidad. Es así como este es otro de los ejemplos en los que te demuestro cómo la ciencia y la fe van de la mano.

Espero que te estés divirtiendo mucho hasta ahora y que te haya gustado mucho mi teoría acerca de los días de Dios. Te invito a seguir leyendo, créeme se pondrá ¡Mucho mejor!.

¿Entonces un día para Dios es igual a uno para nosotros?

No lo creo.

Teoría 4
¿El jardín de Edén está en Venezuela?

El jardín del Edén es sin duda alguna el lugar más famoso y sagrado de la biblia, es un lugar tan maravilloso que incluso al sol de hoy muchos lo están buscando, sin poder hallarlo.

Este es el lugar donde Jehová colocó a nuestros primeros padres, Adán y Eva. Fueron muy dichosos y bendecidos al ser creados por nuestro Dios Padre, para que señorearan la tierra y sobre todos los animales que en ella habitaban.

Este era un lugar especial, era como un sueño hecho realidad, un lugar paradisíaco y lleno de paz en toda su plenitud. Existía dentro del jardín todo tipo de árbol que daba fruta, con los cuales Adán y Eva tendrían para comer toda la eternidad. Y aunque todo pintaba bien esto no fue lo que sucedió, no vivieron una eternidad, ya que por cometer el pecado principal, perdieron el derecho a la vida eterna que Dios les había dado por herencia.

Imagina lo magnífico que era este lugar, qué los árboles daban su fruto sin tener que ser cultivados. En este huerto Jehová planto dos árboles muy especiales y totalmente sagrados. Uno era el árbol de la sabiduría del bien y del mal, por otra parte estaba el árbol de la vida, el cual si comiéramos de su fruto, viviríamos por el resto de la eternidad.

Dios le indico claramente a Adán que no comiera del fruto de esos árboles, pero por causa del engaño de la serpiente hacía su esposa Eva, estos pecaron contra Dios. Antes de eso Jehová quiso buscar ayuda idónea para Adán, el cual a pesar de estar rodeado de los animales que Dios había creado, no tenía la compañía correcta para él.

Es en ese momento que Dios pone a Adán en un profundo sueño y toma una de sus costillas, he aquí el nacimiento de Eva. Por fin Adán obtuvo su idónea ayuda.

A su vez la serpiente que era la representación de Lucifer, convenció a Eva de comer del fruto de la sabiduría, por qué según la serpiente Dios no quería que fueran igual que Él. Eva se dejó convencer por esta malvada serpiente y no solo comió el fruto, sino que también dio a comer a su esposo. Así fue que se cometió el primer pecado y por el cual todos poseemos el día de hoy, la mortalidad que tanto nos angustia.

Jehová vio que ya el hombre tenía el conocimiento del bien y del mal, así que solo le faltaba comer del fruto de la vida eterna y así serían como Él. Así que Jehová los expulsó del jardín del Edén para que no pudiesen comer del fruto que les faltaba. Y le dijo a Adán que por su pecado tendría que labrar la tierra para poder comer de ella. Y a Eva que sus partos serían muy dolorosos. A la serpiente la maldijo y le dio por castigo que se arrastraría sobre su pecho para siempre.

Todos conocemos la historia del jardín, es uno de los relatos más importantes del libro del génesis pero ¿qué pasó con el jardín? ¿Dónde esté el jardín? ¿A dónde fue?

Muchos estudiosos han especulado sobre dónde está el famoso Jardín de Edén. El lugar bíblico del origen de la humanidad. Algunos lo ubican en Arabia Saudita, otros en Irán, otra parte de ellos lo ubican en el Golfo Pérsico, Jerusalén, y hasta el famoso personaje que terminaría descubriendo el nuevo continente, Cristóbal Colón, creyó encontrarlo cuando desembarco en lo que hoy es Venezuela.

Investigando sobre este tema, sobre el Jardín de Edén me topé con que a él famosísimo Cristóbal Colón le pareció haber encontrado el huerto, cuando esté arribo a Venezuela desde uno de sus navíos.

Bueno te daré varias razones por las que para mí el jardín de Edén está en este maravilloso país.

Después que Adán y Eva fueron expulsados del huerto, Jehová decidió proteger el Jardín para que nadie más pudiera entrar en él. Dispuso de querubines y una espada que no dejaba de moverse para proteger el huerto.

¿Pero qué pasó con el Jardín?

Algunos piensan que el jardín está en alguno de los tantos lugares que te mencioné anteriormente, pero yo pienso al igual que Cristóbal Colón en su momento, el Jardín de Edén está en ¡Venezuela!.

Estas son las razones de esta que es mi siguiente teoría.

La biblia dice que el Jardín emanaba un río que posteriormente se transforma en cuatro ríos, por Venezuela corre uno de los ríos más importantes del mundo en la actualidad, es el río Orinoco. No quiero decir que este sea el río original, sino que probablemente sea uno de esos cuatro posteriores ríos.

Sé que podrás decir "pero Venezuela está muy lejos del lugar donde muchos creen que está el jardín, no está ni cerca de lo que hoy conocemos como oriente" pero aquí te doy mi segundo argumento del por qué creo que el huerto está en Venezuela. Recuerda que anteriormente todos los contienes estaban unidos formando uno solo el cual era Pangea. Ya ha sido demostrado por la ciencia que hace miles de años todos los continentes se unieron en uno solo, esto debido al movimiento constante de las placas tectónicas de la tierra.

Si usamos un poco la imaginación podemos ver cómo todo el continente americano encaja geográficamente con el continente africano y de manera perfecta.

¿Ya entiendes lo que te quiero decir?

En ese momento en específico en el que solo existía un continente, el cual era la combinación de todos los continentes de la actualidad. Lo que hoy conocemos como Venezuela estaba demasiado cerca de los lugares en los que hoy se especula pudiera estar el jardín. Y el río amazonas pudo ser uno de esos ríos.

Si te parece interesante lo que estoy argumentando, solo espera que leas los siguiente. La biblia dice en el libro de génesis 2:10-12

"Y salía de Edén un río para regar el huerto, y de allí se repartía en cuatro brazos. El nombre del uno era Pisón; este es el que rodea toda la tierra de Havila, donde hay oro; y el oro de aquella tierra es bueno; hay allí también bedelio y ónice".

Es de amplio conocimiento que Venezuela es uno de los países con las reservas de minerales más grandes del mundo, existen inmensas cantidades de oro, además de diversos tipos de minerales estratégicos para las industrias en la actualidad. Todos estos minerales se encuentran en el arco minero y están muy cerca del río Orinoco. Lo que me lleva a pensar que muy probablemente este sea uno de esos ríos mencionados en el génesis.

¿Podría ser el río Orinoco, el mismo que en el génesis se conoce como el río Pisón?

Yo creo que sí, estoy convencido de eso, no es casualidad que en Venezuela exista este maravilloso río y que además posea cerca de él, tantas cantidades de oro y de otros muchos minerales y piedras preciosas. Suenan muy parecidas las características del río Pisón que se describe en el génesis con las características del río Orinoco en Venezuela, eso me lleva a pensar que son el mismo río.

En pocas palabras lo que hoy se conoce como Venezuela, anteriormente estaba muy cerca de lo que hoy es África como continente. Esto pasó cuando existía el súper continente.

¿Acaso Venezuela no podría ser una posible ubicación del Jardín?

Estoy totalmente convencido que si lo es, al igual que Cristóbal Colón, que en su momento observó tan maravilloso lugar.

Si todavía tienes dudas y aún no estás convencido que el jardín podría estar en Venezuela, te daré más motivos para creerlo.

En su momento la afamada Elena G. White, autora adventista estadounidense y por la cual se crearía posteriormente la Iglesia Adventista del Séptimo Día. Propuso que en el tiempo de iniquidad en el cual se vio inmersa la humanidad, en el tiempo donde el pecado llegó a niveles escandalosos y que Jehová decidió ocultar su rostro del hombre y enviarle como castigo a sus pecados, un gran diluvio. Elena propuso que antes de ese evento en el cual la tierra se rebosaría con enormes cantidades de agua, que Jehová quitó el jardín de la tierra y probablemente este se lo haya llevado a los cielos.

¿Y si ella tuviera razón?

¿Y si en realidad el jardín Jehová se lo llevó a los cielos?

Bueno he aquí mi último y más importante argumento para poder afirmar que el huerto de Edén en Venezuela.

¿Si Dios oculto el jardín y se lo llevó consigo al cielo, como podría este estar ubicado en Venezuela?

Aquí está mi respuesta, en Venezuela existen una de las formaciones naturales más antiguas y maravillosas del mundo. Estas obras naturales son los ampliamente conocidos tepuyes, que son una especie de meseta, especialmente abruptas, con cimas relativamente planas y paredes verticales. Sus orígenes datan del Precámbrico y este tipo de montañas, son las formaciones expuestas con más antigüedad sobre toda la tierra. Sobre las cimas de estos tepuyes nacen ríos y gigantescas cataratas, siendo la más conocida el Salto Ángel, la cascada más alta del mundo. ¿Será coincidencia que en estos tepuyes también nazcan ríos con lo hacía el huerto de Edén? Para mí no es coincidencia.

Estas maravillosas formaciones geológicas son tan especiales que sobre su cima, se desarrollan especies de animales y de vegetación únicas. El más importante de estos tepuyes en Venezuela es el maravilloso monte Roraima, con una altura de 2810 metros sobre el nivel del mar. Este es el tepuy de dónde nace el Salto Ángel, una enorme y sorprendente cascada originada por un rio en las alturas. El monte Roraima es tan alto que está por encima de las nubes.

Si Jehová con su inmenso poder oculto el jardín en los cielos, está podría ser su ubicación. Tomando en cuenta todo lo que he argumentado, por el hecho que Venezuela en algún momento estuvo unida con África, por qué en Venezuela pasa un importante río y que a su alrededor existen enormes cantidades de oro además de otros minerales y piedras preciosas. Y por qué Jehová pudo haberse llevado el jardín a los cielos, por estas razones pienso que el Jardín de Edén en Venezuela.

Pero más exactamente pienso y estoy casi totalmente convencido que el huerto está en la cima del monte Roraima en Venezuela o en su defecto en alguno de estos tepuyes.

Por todas las razones que te mencioné anteriormente y por el hecho de que si en realidad Jehová se llevó el jardín físicamente al cielo, el Jardín podría estar ubicado en la cima del monte Roraima, sería una explicación físicamente lógica. Ya que es una de las pocas formaciones geológicas que están por encima de las nubes, lo que se podría interpretar como "oculto en los cielos" además de que la tierra venezolana estuvo unida a la africana, posiblemente en los tiempos dónde el jardín albergaba a Adán y Eva. De esta manera se podría explicar cómo Dios oculto el jardín para que ningún hombre pudiera encontrarlo y mucho menos entrar en él. No solo lo oculto elevándolo a los cielos, de la forma en la que se creó el monte Roraima, sino que también separó la tierra y la alejo de los hombres, como hizo con el continente americano.

¿Acaso no tiene algo de lógica está teoría?

Estoy seguro que al igual que yo, piensas que es muy posible. Y en esta teoría no me baso en el nacionalismo, debido a que soy de nacionalidad venezolana, muchos podrían decir que me estoy dejando llevar por el patriotismo y el hecho de haber nacido en ese hermoso país. No, no me baso en nacionalismo, baso mis argumentos en los hechos históricos, bíblicos y hechos científicos. Si no fuera venezolano y tuviese otra nacionalidad, seguiría creyendo en lo que estoy teorizando, sin duda alguna. Todas estas deducciones que he hecho a partir de ciertos acontecimientos, tienen un amplio potencial de ser realistas y comprobables.

Abre tu mente, como ya te mencioné, puedes ver estás teorías como reales, así como yo las percibo o simplemente puedes divertirte leyendo algo nuevo e interesante escrito por un joven de Venezuela.

En conclusión, para cerrar con esta que es la cuarta y ante penúltima teoría. El Jardín del Edén desde mi perspectiva puede con muy alta probabilidad, estar ubicado en alguna de las cimas de estos tepuyes, especialmente en el monte Roraima, están todas las evidencias, son palpables y están a simple vista.

"El que tiene oídos para oír, oiga". (S. Mateo 13:9)

"Pero bienaventurados vuestros ojos, porque ven; y vuestros oídos, porque oyen". (S. Mateo 13:16)

"Porque de cierto os digo, que muchos profetas y justos desearon ver lo que veis, y no lo vieron; y oír lo que oís, y no lo oyeron". (S. Mateo 13:17).

Teoría 5

El hijo prodigo

Llegamos a la última teoría, la más controversial de todas las 5 que conforman este manuscrito, no creas que pase por alto terminar de exponerte la historia del sol y las dos estrellas, de hecho está historia forma parte de la quinta y última teoría. Ya casi culminamos la travesía para completar este libro. Así que ya es el momento de presentarte al siguiente integrante de esta familia celestial. Este es el hombre más importe de la historia humana en todos sus sentidos. Es también el hombre más amado y sabio de todos los tiempos. ¿Ya sabes de quién estoy hablando? Estoy seguro que sí. El siguiente integrante de la familia celeste es nada más y nada menos que nuestro señor Jesucristo, el único salvador de la humanidad. De forma alegórica nuestro señor Jesucristo será una de las estrellas, en este caso la estrella más brillante *(Un sol y dos estrellas)* sinceramente no me gustaría crear discordia entre los lectores creyentes, al referirme de forma alegórica a Jehová el nuestro Dios y a su hijo, nuestro salvador Jesús. Es solo una alusión, sin ánimos de herir susceptibilidades a los lectores creyentes, ya que yo también soy un creyente Cristiano.

Dicho esto continuaré con la tesis de mí quinta teoría. Jehová envío a su único hijo, a morir por culpa de nuestros pecados. Jesús murió y dio su vida a cambio de las nuestras, Él nos salvó al dar su vida por nosotros. Esto es de amplio conocimiento público, algunos no creerán en Jesús ni en Dios. No estoy aquí para juzgar a las personas que no piensen de la misma manera que nosotros los que creemos en Dios y Jesús. Probablemente observen el mundo a través de los ojos de la ciencia y es totalmente aceptable. Cómo lo expreso en mi primera teoría la ciencia y la religión para mí son inseparables. Así que, de manera inclusiva pueden pensar de esa forma, ya que desde mi perspectiva, ven una de las dos caras de la moneda llamada creación.

Jesucristo fue un hombre muy sabio, teniendo amplio conocimiento acerca de los cielos y la tierra, era capaz de compartir este conocimiento con sus escogidos, de una manera muy particular. Las parábolas eran la forma de comunicación más común que usaba Jesús. Te expondré varias parábolas de nuestro señor Jesucristo la cuales están estrechamente relacionadas con esta quinta teoría, Él compartió:

Parábola de la oveja perdida

"Entonces él les refirió esta parábola, diciendo: ¿Qué hombre de vosotros, teniendo cien ovejas, si pierde una de ellas, no deja las noventa y nueve en el desierto, y va tras la que se perdió, hasta encontrarla? Y cuando la encuentra, la pone sobre sus hombros gozoso; y al llegar a casa, reúne a sus amigos y vecinos, diciéndoles: Gozaos conmigo, porque he encontrado mi oveja que se había perdido. Os digo que así habrá más gozo en el cielo por un pecador que se arrepiente, que por noventa y nueve justos que no necesitan de arrepentimiento". (S. Lucas 15:3-7)

Jesús en esta parábola hace referencia una persona que se pierda y aleje de su camino, que caiga en el pecado y la iniquidad. En pocas palabras Él buscará y rescatará a la persona que lo necesite realmente. Ya que si tiene 99 personas justas y 1 pérdida en el camino de la maldad, él se enfocará en la persona perdida, y como el hombre de la parábola al encontrar a su oveja pérdida, Él también se alegrará al encontrar a esa persona que se perdió en el camino. Cabe destacar que todas las parábolas de Jesús son importantes y que solo mencionaré tres por qué son la base de mi quinta teoría. Yo te recomendaría que leas las otras parábolas de Jesús, lee un poco la biblia, hará bien a tu vida. De acuerdo, esta es la siguiente parábola que también enseño Jesucristo:

Parábola de la higuera estéril

"Dijo también esta parábola: Tenía un hombre una higuera plantada en su viña, y vino a buscar fruto en ella, y no lo halló. Y dijo al viñador: He aquí, hace tres años que vengo a buscar fruto en esta higuera, y no lo hallo; córtala; ¿para qué inutiliza también la tierra? Él entonces, respondiendo, le dijo: Señor, déjala todavía este año, hasta que yo cave alrededor de ella, y la abone. Y si diere fruto, bien; y si no, la cortarás después". (S. Lucas 13:6-9)

Esta parábola refleja la paciencia que posee Jesucristo al esperar siempre más de nosotros, para que podamos ser salvos, Él es paciente y abona sobre nuestras vidas y cava alrededor de ella para que seamos salvos. Pero por otra parte está higuera a la que se hace referencia en esta parábola, se puede interpretar como una persona pecadora alejada totalmente del camino de virtud que Jesucristo tiene para nosotros. A esta higuera (persona) se le dio mucho tiempo y oportunidades para dar fruto y no lo hizo, por eso el hombre decidió cortarla, sin embargo, el viñador pidió una última oportunidad para esta higuera. Para ver si está podía dar frutos con los cambios correctos. Así es Jesús en nuestras vidas, así es Jehová en nuestras vidas, esperan con paciencia a qué demos frutos. Pero también existen consecuencias si no los damos a tiempo.

Parábola del hijo pródigo

"También dijo: Un hombre tenía dos hijos; y el menor de ellos dijo a su padre: Padre, dame la parte de los bienes que me corresponde; y les repartió los bienes. No muchos días después, juntándolo todo el hijo menor, se fue lejos a una provincia apartada; y allí desperdició sus bienes viviendo perdidamente. Y cuando todo lo hubo malgastado, vino una gran hambre en aquella provincia, y comenzó a faltarle. Y fue y se arrimó a uno de los ciudadanos de aquella tierra, el cual le envió a su hacienda para que apacentase cerdos. Y deseaba llenar su vientre de las algarrobas que comían los cerdos, pero nadie le daba. Y volviendo en sí, dijo: ¡Cuántos jornaleros en casa de mi padre tienen abundancia de pan, y yo aquí perezco de hambre! Me levantaré e iré a mi padre, y le diré: Padre, he pecado contra el cielo y contra ti. Ya no soy digno de ser llamado tu hijo; hazme como a uno de tus jornaleros. Y levantándose, vino a su padre. Y cuando aún estaba lejos, lo vio su padre, y fue movido a misericordia, y corrió, y se echó sobre su cuello, y le besó. Y el hijo le dijo: Padre, he pecado contra el cielo y contra ti, y ya no soy digno de ser llamado tu hijo. Pero el padre dijo a sus siervos: Sacad el mejor

vestido, y vestidle; y poned un anillo en su mano, y calzado en sus pies. Y traed el becerro gordo y matadlo, y comamos y hagamos fiesta; porque este mi hijo muerto era, y ha revivido; se había perdido, y es hallado. Y comenzaron a regocijarse. Y su hijo mayor estaba en el campo; y cuando vino, y llegó cerca de la casa, oyó la música y las danzas; y llamando a uno de los criados, le preguntó qué era aquello. Él le dijo: Tu hermano ha venido; y tu padre ha hecho matar el becerro gordo, por haberle recibido bueno y sano. Entonces se enojó, y no quería entrar. Salió por tanto su padre, y le rogaba que entrase. Mas él, respondiendo, dijo al padre: He aquí, tantos años te sirvo, no habiéndote desobedecido jamás, y nunca me has dado ni un cabrito para gozarme con mis amigos. Pero cuando vino este tu hijo, que ha consumido tus bienes con rameras, has hecho matar para él el becerro gordo. Él entonces le dijo: Hijo, tú siempre estás conmigo, y todas mis cosas son tuyas. Mas era necesario hacer fiesta y regocijarnos, porque este tu hermano era muerto, y ha revivido; se había perdido, y es hallado". (S. Lucas 15:11-32)

Esta parábola de Jesús es muy clara y no necesita mucha explicación, consiste en un hijo rebelde que pide a su padre la parte de la herencia que le corresponde, para terminar malgastando todo el dinero que su padre le había dado por herencia. Después de malgastar todo su dinero, posteriormente tuvo dificultades incluso hasta para poder alimentarse, he aquí después de tanto sufrir a causa de sus malas decisiones, decide ir al padre arrepentido por todo lo que había hecho. Le suplico al padre le diera empleo así fuera como uno de sus jornaleros y le dijo que había pecado contra el cielo y contra él. El padre al ver que su hijo perdido había vuelto lo recibió con mucha alegría, hizo que lo vistieran con ropas limpias y organizo una fiesta para celebrar que su hijo perdido había vuelto. Por otra parte hijo mayor al enterarse de esto, se molestó y le reclamo a su padre, a lo que su padre respondió, que él siempre había estado a su lado, y que sus cosas eran de él también. Pero que era necesario festejar la llegada de su hermano ya que este estaba muerto y fue revivido, que estaba perdido y fue hallado.

Es hora de conocer el último integrante de esta familia celeste, así culminaremos con esta intrigante historia sobre el sol y las dos estrellas y también terminaré de explicarte está teoría, que es la más controversial de todas.

Ya conocimos a los dos primeros integrantes de esta familia de tres, el primero es nuestro creador, Jehová nuestro Dios, el segundo es nuestro amado salvador Jesucristo, pero aún falta un último integrante. El último integrante de la familia celestial, es un personaje muy aborrecido por toda la gran parte de la humanidad, es un ser lleno de odio y rencor, causante de todos los pecados y atrocidades que podrías imaginar. No me gusta tener que mencionarlo, pero es necesario que lo haga para poder culminar con esta teoría. Este personaje es muy conocido como, el lucero de la mañana, si, ya sabes de quién hablo, este personaje y último integrante de esta familia es Lucifer. Ya tenemos a todos los integrantes de la familia celeste. Conociéndonos ya a todos, es el momento culminante, te explicaré de una vez por todas, que significa está teoría.

Según la parábola del hijo pródigo, la que ya cité anteriormente en este mismo capítulo, que es una parábola narrada por el mismo Jesucristo. Da a entender que un padre que tiene dos hijos, ve de manera angustiosa y decepcionante, como uno de sus hijos después de exigirle su parte de la herencia, de un modo altanero, se descarrila y se dirige hacia un destino pecaminoso. Eso está claro y es entendible, puede suceder en cualquier familia del mundo ¿pero de dónde saco cristo está parábola? Acaso habrá pasado está historia en los reinos celestes (en el cielo) yo creo que sí. Esta vez seré muy directo contigo, aquí viene lo controversial. Si la parábola de la oveja perdida hace referencia a lo feliz que se pondría un pastor al hallar a su oveja perdida. Lo que es igual que un pecador sea nuevamente hallado por Dios y Él se alegraría mucho, hasta habría mucho gozo en el cielo.

"Os digo que así habrá más gozo en el cielo por un pecador que se arrepiente, que por noventa y nueve justos que no necesitan de arrepentimiento". (S. Lucas 15:7)

Si también en la parábola de la moneda perdida, la cual no mencioné anteriormente, pero te invito a que la leas (S. Lucas 15:8-10) una mujer que posee diez dracmas, cuando pierde una, enciende su lámpara y la busca con diligencia hasta hallarla, al encontrarla reúne a sus amigas y celebran de gozo. Esto significa lo mismo que la parábola de la oveja perdida, es Jehová gozoso junto a los cielos, por haber hallado a un pecador.

"Así os digo que hay gozo delante de los ángeles de Dios por un pecador que se arrepiente". (S. Lucas 15:10)

De igual manera acontece en la parábola del hijo pródigo, el padre se alegra de que su hijo haya vuelto. Este padre sin duda alguna es Jehová.

Ahora sabiendo ya que Dios se alegra en demasía si un pecador se arrepiente. De cuan tamaño sería su gozo si el mayor pecador en contra de los cielos se arrepintiese, si hablo de él, su hijo, el lucero de la mañana.

A estas alturas ya sabrás de que trata esta teoría, si no es así, te lo explicaré en pocas palabras. Sé que es un tanto atrevido intentar saber o interpretar los conocimientos de Dios, pero de una manera muy humilde, afirmo que Jesús cuando predicó la parábola del hijo pródigo, no hacía referencia a un padre he hijos cualquiera, para mí, se refería a Dios como el padre, a Él mismo como el hermano mayor y a Lucifer como lo que es en la actualidad, el hijo descarrilado, envuelto en el pecado la codicia y la maldad. Yo pienso que Jesús conto una parábola que no solo sucedió en el cielo, sino que sigue en pleno desarrollo. Tal vez nuestro amado creador (Jehová) está esperando a que uno de sus hijos, el que en algún momento de la historia celeste fuese el más bello y reluciente, y que ahora está inmerso en la iniquidad, en la maldad y el pecado, se arrepienta.

Imagina que todo lo que está pasando en la tierra y todas las aflicciones que tenemos que aguantar, no solo sean una prueba de Dios para que seamos merecedores del reino de los cielos, sino que a su vez sean el castigo que este hijo descarrilado tiene que superar para realmente arrepentirse y como en la parábola del hijo pródigo, irle a pedir perdón y de rodillas a su padre celestial, nuestro amado hacedor Jehová. Si esto sucediera, ¿cuán alto sería el gozo en los cielos? Ya que el hijo que se había muerto, resucitó. La oveja que se había perdido, fue hallada y la moneda que se había perdido al fin se encontró.

Así, se habría hallado… el hijo pródigo.

De lo contrario este será cortado como la higuera que no dio fruto. En resumen, en esta teoría lo que trato decir, es que probablemente todo este caos que vivimos en nuestras vidas diarias, no solo son nuestras pruebas para ser merecedores del reino de los cielos, sino que en paralelo son el castigo que tendrá el hijo descarrilado para ver si puede arrepentirse verdaderamente de su pecado en contra de Dios. Ya está escrito todo lo que sucederá en el apocalipsis, el libro en la biblia.

Eso es lo que significa Un sol y dos estrellas, Dios (Jehová) es el sol, Jesús es el hijo mayor y la estrella más brillante, por último, el hijo descarrilado, el lucero de la mañana es la última estrella. Ellos tres conforman lo que para mí es la base de la parábola del hijo pródigo, la cual Jesús enseño a sus discípulos. Yo creo que de verdad Dios espera que este hijo suyo que está perdido y descarrilado, se vuelva en arrepentido. Así termina esta teoría, en la que este personaje, podría ser el hijo pródigo. Pero recuerda, esto es solo una teoría. Si quieres encontrar la verdad, ve a la biblia, allí están todas las respuestas, la palabra de Dios.

Conclusión

Espero hallas disfrutado la lectura, fue un gusto poder llegar hasta este punto acompañándote como esa voz en tú mente, como el narrador, gracias por llegar hasta el final conmigo.

Solo soy un joven que al igual que tú y que el resto de la humanidad, tiene preguntas. Trato de algún modo poder contestarlas, teniendo en cuenta que somos simples y que jamás podremos saberlo todo por nosotros mismos y de hecho está bien, hay cosas que a veces es mejor no saberlas. Hay una frase que me llegó a la mente ya hace muchos años y que siempre he estado de acuerdo con ella.

Las mentes más ignorantes, son las más sanas.

En el mejor sentido de la palabra ignorar, eso no significa calificar de forma despectiva a las personas, como poco inteligentes, no. Es como los niños, ellos por ser niños no tienen problemas ni responsabilidades, de hecho, son ignorantes de los temas y problemas que aquejan a los adultos, por esto poseen mentes más sanas. Por eso vemos cómo los adultos sufren de ansiedad, estrés, depresión en otros.

Por eso te digo, solo vive, pregunta, ama y corre hacia un mejor futuro. Espero poder compartir más teorías contigo en el futuro. Disfruta este viaje llamado vida.